Jonathan Cardoso

Von der Erde zum Mars

Die Geschichte der Weltraumbesiedlung

Einleitung

    Erstens reisten Männer in ihrer eigenen Vorstellungskraft, angetrieben von ihrer Intelligenz, die von ihren Mythen angetrieben wurde. Wer hat noch nie den Mythos von Ikarus gehört, dem ersten Mann, der fliegt? Tatsächlich war es seit Beginn der Geschichte der Wunsch des Menschen, die Himmel zu erreichen, die Herrschaft und

Wohnstätte der Götter, und dieser Wunsch hat uns schöne Geschichten gegeben.

Mit diesem Buch möchte ich die Geschichte der Astronautik erzählen, die laut Wörterbuch Wissenschaft und ihre Technologie ist, die sich mit Raumflügen befasst, aber ich gehe noch weiter, weil ich Astronautik als die Wissenschaft sehe, die Träume in die Realität umsetzt. Mit dieser Arbeit schließe ich mit einem florierenden Projekt ab, das ich vor mehr als 10 Jahren gestartet habe: der Sammlung „Wir und das Universum: Astronomie", in der ich der Welt zeigen wollte, wie wunderbar der Himmel ist, viel mehr als nur diese kleinen Lichtpunkte zeigen an, dass dies der Fall ist.

Ich danke und bekräftige meinen Dank an alle, die meine Arbeit verfolgen, an alle, die mir geholfen und mich unterstützt haben, hierher zu kommen.

Dies ist nicht meine Muttersprache, aber ich habe die wenigen, die ich kenne, verwendet, um mein Buch zu übersetzen und Ihnen meine Ideen zu zeigen. Ich bin ein brasilianischer Schriftsteller und hoffe, dass Ihnen dieses Buch gefällt, da ich es gerne geschrieben habe!

1. Teil - Der Raum Legenden

DER MYTHOS VON ICARUS

Der Einfallsreichtum des Menschen wird in einem der schönsten Mythen der Antike symbolisiert, einem Mythos, der den Wunsch des Menschen nach Fliegen offenbart: dem Mythos des Ikarus. Nach den Griechen war Ikarus der Sohn von Daedalus, dem geschicktesten und kreativsten Mann in ganz Hellas.

Daedalus wurde berufen, auf Wunsch von König Minos ein Labyrinth auf Kreta zu errichten, und dort ging er mit seinem Sohn hin und schuf ein unüberwindbares Labyrinth, um den Minotaurus einzusperren. Daedalus, bekannt für seine Erfindungen und die Perfektion seiner Handarbeit, schuf ein Labyrinth, das so genial war, dass es als Labyrinth von Kreta bekannt wurde. Aber Daedalus gelang es, König Minos zu irritieren. Er half seiner Tochter, mit einem Geliebten zu fliehen, und als Strafe befahl der König, den Baumeister und seinen Sohn in die Matze zu werfen.

Daedalus wusste, dass das Gefängnis unüberwindbar war, weil er wusste, dass das Gegenteil zu erklären dasselbe sein würde, als würde er seine eigene Arbeit diffamieren und sein eigenes Talent niederlegen. Um von dort zu entkommen, entwarf Daedalus Flügel, fügte die Federn mehrerer Vögel hinzu und befestigte sie mit Wachs, damit sie sich beim Start nicht ablösten.

Als alles fertig war, schlug der Künstler mit den Flügeln, genau wie Vögel. Bald befand er sich in der Luft. Er kleidete seinen Sohn mit einem Paar Flügel an und brachte ihm das Fliegen bei. Er erklärte seinem Sohn, er solle nicht hochfliegen, weil die Hitze der Sonne das Wachs schmelzen könne, das die Federn auf den Flügeln hielt.

Sie begannen zu fliegen und wurden aus dem Labyrinth befreit, das sie einsperrte. Sie flogen über das Meer und fühlten sich wie die Götter selbst. Ikarus vergaß jedoch die Empfehlungen seines Vaters und flog davon, ohne sich Gedanken darüber zu machen, was der alte Daedalus ihm gesagt hatte. Er flog hoch, bis er die Wolken berührte und nicht bemerkte, dass die Wachse der Flügel auf seinem Rücken schmolzen; Dadurch lösen sich die Federn. Ikarus fiel schnell ins Meer und verschwand.

Als Daedalus seinen Sohn vermisste, suchte er ihn und rief: "Sohn, wo bist du?" Er flog und flog und fand seinen Sohn aus Angst vor dem Schlimmsten nicht, flog über das Meer und es dauerte nicht lange, bis er die Flügelfedern seines Sohnes fand, die über das

Meer schwebten. Wieder beklagte er seine eigenen Fähigkeiten. Vor ein paar Stunden war er jetzt in seinem eigenen Labyrinth gefangen und trauerte um seinen Sohn. getötet durch die Flügel, die deine Hände gebaut haben. Er flog mit dem Körper seines Sohnes zu einer nahen gelegenen Insel, begrub sie und rief nach ihm die Insel Icaria.

Vera Historia - Luciano de Samósata

Dies ist das älteste Science-Fiction-Buch der Geschichte, das um 400 v. Chr. Geschrieben wurde. Diese Arbeit spricht über Raumfahrt, außerirdische Lebensformen und interplanetare Kriegsführung. Sein Buch beginnt wie folgt:

" Wenn ich Ihnen sage, dass ich lüge, habe ich mindestens eine Wahrheit gesagt, und ich hoffe, der allgemeinen Kritik zu entgehen, indem ich mich daran erinnere, dass ich vorschlage, vom Anfang bis zum Ende dieser Geschichte nicht nur eine Wahrheit zu sagen."

Das Buch Vera Historia erzählt ein wahres astronautisches Epos: eine Reise in den Weltraum mit dem Recht, in eine andere Welt abzusteigen, und es beschreibt uns immer noch, wie diese Welt aussehen würde und natürlich die Rückkehr zu unserem Planeten.

Die Geschichte beginnt damit, dass der Autor uns erzählt, dass er an Bord eines Schiffes ist und auf fremden Meeren segelt, bis ein Wirbelwind das Schiff zum Mond bringt. Die Reise dauert sieben Tage und sieben Nächte, bis sie eine funkelnde Insel am Himmel erreichen. des Lichts. Die Seleniten sind groß, kahl und bärtig und führen immer einen schrecklichen Kampf gegen die Bewohner der Sonne. Sein Buch hat keine wissenschaftlichen Bedenken: Es gibt keine Erwähnung der Schwerkraft, des Vakuums, des Sauerstoffmangels oder dergleichen.

Nach diesem Buch erschien ein weiteres erst ein Jahrtausend später. Es stellt sich heraus, dass Denker der Zeit eine Idee hatten, dass die Erde im Zentrum des Universums stehen würde, die Theorie des

Geozentrismus. Aus diesem Grund waren Schriftsteller nicht davon angezogen, Geschichten zu schreiben, indem sie den Menschen aus dem Zentrum des Universums herausholten.

Es war im Jahr 1010, als ein Buch mit dem fiktiven Aufdruck wieder auftauchte: ein Roman namens " Die Adler von Kai-Ka'us". Die Geschichte erzählt von einem persischen König, der immer auf gefährlichen Abenteuern war. Diesmal war er überzeugt, den Mond zu erobern. Er wollte sich trotzdem in den Kosmos wagen und diese Insel, die schwimmende Insel des Nachthimmels, erobern. Zu diesem Zeitpunkt sammelte er eine Legion Adler und domestizierte sie. Und nach vielen, vielen frustrierenden Versuchen wird er zurück auf die Erde geworfen und fällt an einen unbekannten Ort. Der Legende nach werden die Adler von Kai-Ka'us von den persischen Weisen als Warnung an die Wage mutigsten angesehen, an diejenigen, die die himmlischen Geheimnisse der bewachten Götter herausfordern.

Die ersten Geschichten von wissenschaftlicher Natur im Jahr 1634 zu erscheinen begannen, war es in diesem Jahr, dass der berühmte Mathematiker und Astronomen Johannes Kepler sein Buch Somnium schrieb (Traum). In seinem Buch kennt Kepler das himmlische Vakuum, und aus diesem Grund gehen seine Figuren nicht mit Flügeln zum Mond. Darüber hinaus ist sich Kepler der Atemnot auf dem Mond bereits bewusst, und aus diesem Grund lebten die Bewohner dort in Höhlen. Im Gegensatz zu seinen Vorgängern verwendet Kepler Teleskopbeobachtungsdaten, um zu beschreiben, wie der Mond aussieht. Nach Somnium ist die Raumfahrt populärer geworden.

Im Jahr 1638 das Buch „Der Mann im Mond" wurde veröffentlicht, geschrieben von dem englischen Bischof Francis Godwin, unter dem Pseudonym Domingo Gonsales. In dieser Arbeit beschreibt er die Reise eines zerstörten spanischen Adligen zum Mond mit seinen domestizierten Gänsen. In den Jahren 1638 und 1767 hatte das Buch 25 Ausgaben und wurde in fünf Sprachen übersetzt.

Die Entdeckung einer neuen Welt wurde 1640 von einem anderen Engländer namens John Wilkins geschrieben. In diesem Buch versucht er den Leser davon zu überzeugen, dass es möglich ist, eine andere bewohnbare Welt zu haben.

Bekannt für seine himmlischen Geschichten war Hector Savinien Cyrando de Bergerac. Philosoph Dramatiker, Satireautor und begeisterter Science-Fiction-Enthusiast. Zwischen 1649 und 1692 schrieb er zwei großartige Werke: Voyage dans la Lune und Histoire Comique des É tats et Empires de Soleil. In der ersten Geschichte füllt Savinien mehrere Flaschen mit Tau, und bevor die Sonne aufgeht, verteilt er den Tau über seinen Körper. Sobald die Sonne aufgeht und beginnt, diesen Tau auf Ihrem Körper zu verdampfen, wird er zu diesem Treibmittel von Savinien und lässt ihn fliegen. Sein Treibstoff ist jedoch niedrig und er erreicht den Mond nicht, aber er fällt in Kanada. Dies ist das erste Buch , das eine vernünftige Methode in der Science-Fiction vorschlägt, um Ihre Helden in den Weltraum zu bringen. Bisher haben Schriftsteller ihre Figuren durch das Zeichnen wundersamer Tiere in den Weltraum transportiert, aber in dieser Geschichte wird Savinien von Raketensoldaten angehalten und zum Mond geschickt, wenn er in Kanada landet.

Unter allen jemals produzierten Geschichten wurde die schönste von allen 1878 von Jules Verne geschrieben: Von der Erde zum Mond, der bis heute verzaubert und fasziniert und zu einem großen unsterblichen Klassiker wird. Es ist auch heute noch bewundernswert, wie prophetisch das Buch in Bezug auf die Ankunft des Menschen auf dem Mond war.

1º Laut Verne würde das Spiel in der Stadt Tampa stattfinden, und es fand nur 35 km entfernt in Cabo Kennedy statt.

Das Schiff von 2nd Verne hatte drei Besatzungsmitglieder, ebenso wie Apollo und Sojus.

3. Das Fahrzeug war wie die aktuellen Schiffe zylindrisch-konisch.

4. Die Reisezeit Erde-Mond-Erde ohne Landung auf dem Satelliten betrug 8 Tage, genau wie Apollo 8

5. Vernes Astronauten benutzten Retro-Raketen, um Routen zu bremsen und zu ändern, und es versteht sich von selbst, dass dies auch bei Apollo geschah.

6. Verne wusste bereits über den Mangel an Schwerkraft in der Kabine Bescheid und sagte deren Auswirkungen voraus .

7. Vernes Reisende gingen in der Nähe eines Schiffes ins Meer hinunter, dasselbe geschah mit den amerikanischen Bergungsmanövern.

8. Vernes Kabine wog 10 Tonnen; Die Mondlandefähre wog 13.

Trotz aller Erfolge, die Jules Verne hatte, machte er auch einige Fehler, was kein Hindernis für die Arbeit war, die außergewöhnliche Faszination zu provozieren, die sie hervorrief. Dort wurde eine neue Methode zum Schreiben von Science-Fiction geboren: Annäherung an reale Fakten, zusammen mit einer Art prophetischer Vision, und so begannen die Männer mit offenen Augen zu träumen. Wie auch immer, Albert

Einstein hatte Recht, als er sagte: „Vorstellungskraft ist stärker als Wissen, sie erweitert die Vision, erweitert den Geist und trotzt dem Unmöglichen. Ohne sie stagniert das Wissen." Oder auch, wie Konstantin Eduardovitch Tsiolkowsky, ein russischer Wissenschaftler Pionierarbeit in der Erforschung der Raketen und Raumfahrt, sagte: „auf dem ersten, Ideen, Fantasy, die Geschichte entstehen. Nach ihnen wissenschaftlicher Kalkül. Nur dann können praktische Männer sie Wirklichkeit werden lassen. Tsiolkowsky starb 1935, dem Jahr der Geburt des ersten Mannes (auch Russen), der ins All gehen würde.

2. Teil - Wie Raketen funktionieren

Die wahrscheinliche Geschichte des Auftretens von Raketen beginnt im 13.

Jahrhundert bei den Chinesen. Sie füllten die Bambusschalen mit Salpeter, Schwefel und Kohle; So wurde das Feuerwerk und auch das erste Antriebssystem geboren. Im 18. Jahrhundert wurden Raketen zu Metall ausgebaut.

Viele Menschen glauben, dass Raketen erst in Kriegen nach dem Zweiten Weltkrieg eingesetzt wurden, aber es gibt Berichte vom Beginn des 13. Jahrhunderts über eine mongolische Invasion in der Provinz Huan an der Westgrenze des chinesischen Reiches, wo sie eingesetzt wurden benutzte und nannte sie "fliegende Feuerpfeile".

Durch die Araber trafen die Europäer die Raketen und benutzten sie ab 1453 nach dem Ende des Hundertjährigen Krieges. Sie verschwanden jedoch bald und kehrten erst in den Jahren 1803 und 1815 wieder auf die Bühne zurück der Napoleonischen Kriege.

Raketen wurden nur von Schriftstellern als Antriebssystem für Raumfahrzeuge angesehen, aber Ende des 19. Jahrhunderts und zu Beginn des 20.

Jahrhunderts tauchten die ersten Wissenschaftler in Raketen auf, einem Antriebssystem für Raumfahrzeuge. Bei der Untersuchung von Raketen als Antriebssystem fallen mehrere Namen auf, aber Namen wie der Russe Konstantin Eduardovitch Tsiolkowsky (1857-1935), der Deutsche Hermann Oberth (1894-1989), der Amerikaner Robert Hutchigs Goddard (1882-1945), Sergei Korolev (1907-1966), Valentin Petrovich Glushko (1908-1989) und Werner Von Braun (1912-1977).

Konstantin Tsiolkowsky präsentierte Astronomen mit seiner rocket Gleichung (bekannt als Ziolkowski ' s Rocket - Gleichung), und in der Gleichung der Ansicht, dass eine Vorrichtung, die Beschleunigung in der gleichen Zeit anwenden kann, einen Teil seiner Masse mit hoher Geschwindigkeit ausgestoßen, in der entgegengesetzten Richtung aufgrund Erhaltung der Bewegungsmenge.

Herman Oberth begann mit dem Bau von Raketen für Werbeveranstaltungen für einen deutschen Film namens „Frau im Mond". Er wurde von Werner Von Braun unterstützt, der später beim Bau von Saturn V half, was eine Landung auf dem Mond ermöglichte. Neben all seinem Beitrag zu Raketen half er auch viel mit Teleskopen, Weltraumreflektoren, Raumstationen und Raumanzügen. Oberth glaubte auch an die außerirdische Hypothese.

Robert Goddard t betrachtet er Vater der modernen Rakete, ist es einer der Entwickler von Raumfahrttechnik.

Sergei Pawlowitsch Korolev war der Hauptdesigner von Raketen und Flugzeugen während des Weltraumrennens und galt als Vater der sowjetischen Astronautik, da er direkt für die bahnbrechenden Erfolge der Sowjetunion im Weltraumrennen verantwortlich war, einschließlich des erfolgreichen Starts von Sputnik und die Mission, die den Hund Laika ins All führte. Er war auch verantwortlich für die Wostok-Mission, die Yuri Gagarin in die Erdumlaufbahn brachte. Er starb 1966, als die Sowjetunion noch das Weltraumrennen anführte.

Valentin Petrovich Glushko entwarf mehrere Triebwerke für Raketen, die von Sergei Korolev entworfen wurden, darunter die RD-107, die zu einer der wichtigsten der Welt werden sollte und heute in modernisierten Versionen eingesetzt wird.

Werner Magnus Maximilian Von Braun war ein deutscher Ingenieur, Entwickler der V-2-Rakete für die Nazis und der Saturn-V-Rakete für die USA. Er war der Designer der ersten großen Rakete, die mit flüssigem Brennstoff angetrieben wurde.

Raketen haben ihr Prinzip des Motorbetriebs basierend auf dem dritten Gesetz von New Ton, dem Gesetz der Aktion und Reaktion, das postuliert, dass jede Aktion eine entsprechende Reaktion mit der gleichen Intensität, der gleichen Richtung, aber im entgegengesetzten Sinne hat.

Stellen wir uns dazu einen geschlossenen Raum vor, in dem ein brennendes Gas ist. Diese Verbrennung erzeugt Druck in alle Richtungen. Wenn der Raum geschlossen ist, gibt es keine Bewegung, aber wenn wir ein Loch in diese geschlossene Box einführen, entweichen die

Gase dort hindurch und erzeugen dann einen Schub. So funktioniert eine Rakete.

Wir haben 4 Arten von Raketen, aber nur drei werden noch von der Wissenschaft dominiert:

- Flüssigbrennstoff Rakete

Es sind Raketen, bei denen der Brennstoff und der Brenner außerhalb der Brennkammer gelagert und in der Kammer gepumpt und gemischt werden.

- Festbrennstoff Raketen

In diesem Fall befinden sich das Treibmittel (Brennstoff) und das Oxidationsmittel (Brenner) in einem festen Zustand innerhalb der Verbrennungskammer. Dies war der erste Raketentyp, der hergestellt wurde. Schließlich verwendeten die Chinesen bereits die Bambus-Technik mit Schießpulver, die Raketen-Prototypen.

- Hybridkraftstoffrakete

Noch in der Testphase befinden sich sowohl Kraftstoff als auch Oxidationsmittel in getrennten Kammern in unterschiedlichen

Beständen: flüssig / fest oder gasförmig / flüssig. Diese Art von Rakete kann als Mittelweg zwischen der Feststoff- und der Flüssigbrennstoffrakete angesehen werden. Länder wie Brasilien und die Vereinigten Staaten arbeiten daran, diese Art von Raketen zu entwickeln.

- Antimaterie-Rakete

Diese Art von Rakete ist immer noch nur auf dem Papier, da sie eine Reihe von Inkongruenzen aufweist. Die Verwendung von Antimaterie als Impulskraft kann sich als die vorteilhafteste von allen erweisen, schließlich wird die gesamte Masse des Gemisches, sei es Materie oder Antimaterie, die in Energie umgewandelt wird, eine viel höhere Energiedichte ermöglichen, als wir es in heutigen Raketen haben. Das größte Problem bei diesem Raketentyp ist die Herstellung von Antimaterie sowie deren Lagerung. Wenn man bedenkt, dass Antimaterie Materie vernichtet, kann sie einen Stein in wenigen Millionstel Sekunden leicht zerstören.

3. Teil - Das Weltraumrennen

Nach dem Zweiten Weltkrieg kämpften zwei Supermächte miteinander: die Vereinigten Staaten und die Sowjetunion. Der Zeitraum von 1950 bis 1990 wurde als Col d War bezeichnet, da es keinen offenen und erklärten Krieg, keine Invasionen, keine Waffen oder gar Konflikte gab. Die Rivalität zwischen den beiden Supermächten war jedoch offensichtlich, und ihre Bemühungen konzentrierten sich auf die Pionierarbeit und Erforschung des Weltraums, der zu dieser Zeit als notwendig für die nationale Sicherheit und als Symbol für technologische (und ideologische) Überlegenheit angesehen wurde. In dieser Atmosphäre wurden künstliche Satelliten gestartet, bemannte Raumflüge um die Erde und bemannte Reisen zum Mond.

Das Weltraumrennen hatte seinen Ursprung im Wettrüsten, das kurz nach dem Ende des Zweiten Weltkriegs begann, als sowohl die Vereinigten Staaten als auch die Sowjetunion den von den Deutschen entwickelten Weltraumtechnologien sowie den

Spezialisten der Deutschen selbst nachgingen in der Raketentechnologie. Die Ausgaben für Bildung und Forschung stiegen dann deutlich an.

Der erste Schritt zur Vorherrschaft im Weltraum wurde von der Sowjetunion unternommen, und zwar am 4. Oktober 1957. An diesem Tag fand der Wettbewerb mit der UdSSR an der Spitze statt: um 7 Uhr; 57 Uhr startet die UdSSR den ersten künstlichen Satelliten der Erde, Sputnik I.

Die Amerikaner waren erstaunt und sogar verängstigt über den ganzen Tag, den die Sowjets verbrachten. Wenn sie einen Satelliten ins All schicken könnten, was könnten sie dann auf der Erde tun? Was die Amerikaner nicht wussten, war, dass die Sowjets hart daran gearbeitet hatten, eine Rakete zum Abschuss einer ballistischen Rakete und nicht eines Satelliten herzustellen.

Wie von einem stürmischen Schwung getrieben, warteten die Sowjets nicht einmal darauf, dass sich der Staub gelegt hatte, und in weniger als einem Monat waren sie wieder da und gingen in den

Weltraum. Am 3. November 1957 war Sputnik II startbereit, nur diesmal mit einem ehrgeizigeren Plan.

Sputnik II war nicht nur ein natürlicher Satellit; es beförderte eine sehr wertvolle Fracht: Sputnik II nahm das erste Lebewesen mit, um den Planeten Erde zu umkreisen. Der Plan war ehrgeizig und sie wollten herausfinden, wie sich ein lebender Organismus im Weltraum verhalten würde. Ein paar Monate zuvor, nahmen die Wissenschaftler einen Welpen aus der Straße von Moskau und nannten es Лайка, Laika, es war nicht ganz der Name, aber die Rasse, von denen sie war ein Teil. Alles war gut geplant und gut vorbereitet, außer dass jeder bereits wusste, dass es eine einfache Fahrt sein würde. Sie war von den Straßen genommen und direkt in den Tod geschickt worden. Der ursprüngliche Plan war, dass nach ein paar Stunden etwas giftiges Futter freigesetzt würde und sie schmerzlos sterben würde. Die Sowjets behaupteten, der Hund habe sie wochenlang überlebt. Wie auch immer, was geschah, war ganz anders aus, dass: es erst im Jahr 2002 war, dass Informationen, die nach einer Stunde durchgesickert, dass der Welpe im Raum angekommen, einer der Kühlsysteme der Kapsel aufgehört zu arbeiten und der Welpe starb die Hyperthermie. Heute ist Laika ein Synonym für die Überwindung, Schmieden, für Mut und obwohl dies nicht ihre tragische Wende zu geben, sie auf unzählige Arten geehrt wurde, auf russische Briefmarken erschienen sind, arbeitet die Fiktion der verschiedensten Natur, Musik und Filme. In Russland gibt es ein Denkmal namens " Denkmal für die Eroberer des Kosmos", dass die Entdeckung des sowjetischen Volkes in der Weltraumforschung feiert, wo es neben seiner eigenen Statue auch einen anderen Posten in anderen Teilen Russlands innehat. Nur wenige Menschen wagten es, das Unbekannte zu erforschen, als Laika sich unfreiwillig damit auseinandersetzte.

Die Amerikaner wollten nicht zurückgelassen werden, wenn es um Cosmo ging, und am 31. Januar 1958 starteten sie ihren ersten künstlichen Satelliten, Explorer I, und zeigten ihre Stärke und Bereitschaft, ihre Flagge dort oben hissen zu lassen. Am 28. Juli 1958 wurde die damals 34. US - Präsident Dwight D. Eisenhower, Zeichen

Gesetz zur NACA (National Advisory Committee for Aeronautics - Nationales Komitee für Luftfahrtangelegenheiten), um die "c" für "tauschen s", und von diesem Tag ist es würde NASA genannt werden. Es ist nicht nur eine Frage der wechselnden Namen, wie NASA bedeuten würde National Aeronautics and space, ein s Sie sehen können, waren sie wirklich interessiert an den Kolonisatoren des Raumes zu sein, aber die ethischen Sowjets waren noch an der Spitze, und würde noch einen Schritt weiter nach vorne gehen.

12. April 1961, um sieben Uhr morgens, die Kälte schnitt immerhin ab, im Kosmodrom Baikonur waren es 40 Grad unter null. Es gab einen 27-jährigen Major namens Юрий Алексеевич Гагарин oder Yuri Alexeyevich Gagarin. Bis sie ihn erreichten, wurden die Wissenschaftler einer strengen Suche unterzogen, und er war immer an vorderster Front, es war für die Meritokratie: Er erzielte eine hervorragende Leistung in der Ausbildung und war bäuerlicher Herkunft - was im kommunistischen System Punkte zählte. Deshalb wurde er ausgewählt, um das

Raumschiff Vostok I zu steuern. Der Junge war 27 Jahre alt, als er der erste Mensch war, der in den Weltraum ging, in dem er eine vollständige Umlaufbahn um den Planeten machte. Es befand sich 108 Minuten lang in einer Umlaufbahn in einer Höhe von 315 km in einem vollautomatischen Flug mit einer ungefähren Geschwindigkeit von 28.000 km / h.

Die sowjetischen Experten haben die Landung des Schiffes falsch (zweimal) berechnet. Dieser Fehler führte dazu, dass die Gagarin-Raumkapsel in Kasachstan landete, mehr als 320 km vom ursprünglich geplanten Standort (dem Startort) entfernt. Dies bedeutete, dass zum Zeitpunkt der Landung keine Person auf ihn wartete.

Die Sowjets erklärten, dass sich Gagarin bei der Landung in der Raumkapsel befand, als der Astronaut in Wirklichkeit einen Fallschirm benutzte, der sieben Kilometer über dem Boden sprang . Die Sowjetunion bestritt dies und befürchtete jahrelang, dass der Flug von internationalen Gremien nicht anerkannt würde , da der Pilot dem Schiff erst am Ende folgte.

Einige Leute sagen, dass er gesagt hatte: "Ich habe überall gesucht und Gott nicht gesehen!" Aber es ist bekannt, dass dies eine Lüge ist, schließlich war er Mitglied der orthodoxen Kirche. Aber er sagte: „ Die Erde ist blau und der Übergang zwischen dem Blau der Erde und dem Schwarz des Kosmos ist glatt. Es ist genug Platz für alle. "

Überglücklich, vor allem Lebewesen, schneller als jeder andere Mann. Der moderne Ikarus kam aus dem Bereich der Schwerkraft, der Kraft, die alle seine Brüder an diesen kleinen blauen Punkt, eine blaue Insel im Kosmos , gebunden hat .

Nach seiner Rückkehr auf die Erde wurde Juri Gagarin zu einer Berühmtheit, und aus diesem Grund wurde er ein Aushängeschild für das sowjetische Raumfahrtprogramm, weshalb er nicht in den Weltraum geschickt werden konnte. Auf der Erde erklärte er: „ Amerikanische Kosmonauten müssen uns fangen, wir werden ihren Erfolg begrüßen , aber wir werden versuchen, vorne zu bleiben.

Tatsächlich liefen die Sowjets schnell, und bevor die Amerikaner etwas tun konnten, hatten sie bereits einen neuen Wostok vorbereitet und Guerman Titov geschickt, und er verbrachte 2 Stunden und 18 Minuten in Cosmo.

Die Amerikaner gaben jedoch nicht auf und schließlich wurde der amerikanische Astronaut John Herschel Glenn Jr. am 20. Februar 1962 an Bord der Weltraumkapsel Friendship 7 der erste Amerikaner im Weltraum. Obwohl Gagarin der erste war, war John Herschels Reise historischer: Sie wurde für 135 Millionen Menschen im Fernsehen übertragen , die das Beste aus dem Raum sahen und hörten! Es war John Glenns Erfolg, der ein wenig Selbstvertrauen gab und die Angst vor jahrelanger Unsicherheit ausgleichen konnte, die die Amerikaner seit Beginn des Weltraumrennens geplagt hatte, seit dem Start von Sputnik I. Die Amerikaner begannen bereits, den Rücken Ihres Gegners zu sehen .

Die ersten Reisen in den Kosmos waren herrlich, aber auch unangenehm. Als John Glenn aus Friendship 7 ausstieg, sagte er: „ Wow, wie heiß es drinnen ist. Und diese

Kabine? Es ist so eng, dass ich mich nicht darin gefühlt habe, ich habe es getragen! "

1967 war ein Jahr der Trauer für beide Länder: Die Vereinigten Staaten und die UdSSR trauerten um ihre Rogen. In einem heftigen Rennen, in dem nur die Ziellinie sichtbar war, vergaßen die Astronomen, über das Leben ihrer Weltraumhelden nachzudenken, und zahlten teuer dafür. Am 26. Januar 1967 begannen die Astronomen Virgil Grissom, Ed Ward White und Roger Chaffee nach mehreren unbemannten Tests mit Apollo 1 einen letzten Test, den bemannten Test. Die Amerikaner weinten an diesem Tag : Im letzten Test berichtete Virgil Grissom über den Turm, der im Cockpit ein Feuer entfacht hatte, und sie würden das Modul verlassen, aber aufgrund von Bauproblemen und der hohen Rauchkonzentration konnten sie die Luke nicht öffnen und starb. drei, innerhalb des Moduls. Drei Beamte versuchten immer noch, den Notausgang zu öffnen, obwohl die Gefahr bestand, dass der Treibstoff der Rakete explodierte und alle tötete. Das Öffnen der Modulebenen dauerte fünf Minuten. Die Rettung hatte sich verzögert:

Die drei waren bereits gestorben. Nachdem das Feuer kontrolliert worden war und sich der dichte Rauch aus dem Inneren des Schiffes aufgelöst hatte, war es möglich, die Leichen der Astronauten zu finden. Virgil Griss om lag auf dem Boden der Kapsel, während Edward White in der Nähe der Luke gefunden wurde, die er beim Öffnen starb. Roger Chaffee, mittlerweile hatte, wurde bestellt in seinem Sitz in Kontakt mit dem Befehl außerhalb des Schiffs und damit am Ende zu bleiben , zu sterben.

Irgendwo auf dem Mond ist eine Kupferplatte mit den Namen von acht Astronauten eingraviert, darunter die Namen von Virgil Guss Grissom, Edward White und Roger Chaffee.

Nach dieser Niederlage aus Unwissenheit waren die Sowjets an der Spitze. Könnten sie aus dem gelernt haben, was die Amerikaner durchgemacht haben, hätten sie eine weitere Katastrophe vermeiden können. Da jedoch nur die Dominanz des Kosmos wirklich wichtig war, funktionierte die Apollo-Katastrophe nicht.

Sojus bedeutet auf Russisch "Einheit " und erinnert uns an die Zeit der Sowjetunion. Die Sowjets hatten einen kühnen Plan: Sie starteten Sojus I. am 23. April 1967 ins All und nahmen Oberst Wladimir Komarow an Bord, der sich mit dem Raumschiff Sojus 2 im Orbit befinden und vor der Rückkehr zur Erde einen Besatzungswechsel durchführen würde .

Sojus I war jedoch voller technischer Probleme, die endeten. Sojus II wurde nicht nur nicht gestartet, und aufgrund dieser technischen Probleme würde der Astronaut, der es "trug", sterben. Kurz nach dem Start wurde eines der Solarmodule nicht eingesetzt, was zu einer Beeinträchtigung der Stromversorgung des Raumfahrtmoduls führte.

Dann die Raumsonde Orientierungssensoren begann vorliegenden Probleme, so dass es schwierig ist, die Handlungsspielraumschiff und auf der 13. Runde aro und dem Planeten, die Stabilisierung System gestoppt, und als ob das nicht genug wäre, das manuelle System hat funktioniert nicht richtig . Also, der

Flugdirektor musste die Mission abzubrechen.

Bald nach der 18. Umlaufbahn wurden die Retro-Treibmittel aktiviert und Sojus I. trat wieder in die Erdatmosphäre ein. Alles schien zu laufen gut, bis Komarov versucht, den Hauptfallschirm auslösen Modul den Fall, func zu erleichtern tion die als Bremse. Das Gerät funktionierte nicht, es gab die manuell zu bedienenden Reservefallschirme, die auch dann nicht richtig funktionierten.

Vladimir Komarov starb aus der Kollision des Satelliten auf dem Boden, mit einer Geschwindigkeit von 140 km / h , gefolgt von einem großen Ex plosion. Am Unfallort gibt es einen Park und eine Büste des Astronauten, an die sich jeder an diesem Tag erinnern kann, damit sich jeder an Vladimir Komarov erinnert, der als erster mitten im Weltraum die Schiffe wechseln würde, aber er war der erste Mann, der auf einem Raumflug in der Weltgeschichte einen Absturz erlitt.

Trotz ihres Versagens, den Mond zu erreichen, wurden die Sojus neu programmiert, um als Transportfahrzeug für die Raumstationen Saljut, Mir und die Internationale Raumstation (ISS) zu dienen.

Obwohl es 1971 mit der Sojus 11 eine weitere Tragödie erlitt und andere Probleme wie nicht tödliche Abbrüche von Starts und Unfällen bei einigen Landungen erlitt , wurde die Sojus zum langlebigsten und zuverlässigsten bemannten Raumtransportsystem, das jemals entwickelt wurde.

Bis Ende 1968 haben die Sowjets und die Amerikaner ihre Raumschiffe neu gestaltet, aber jetzt bitten sie darum, ein wenig mehr über die Systeme nachzudenken, die das Leben ihrer Weltraumhelden schützen würden. Es ging nicht nur darum, die Kontrolle über den Kosmos zu erlangen , sondern auch das Leben der Männer zu respektieren, die dort Fuß fassen würden.

Teil 4 - Der kühnste Flug des Menschen

„ Ich glaube, dass diese Nation sich verpflichten sollte, vor Ablauf dieses Jahrzehnts das Ziel zu erreichen, einen Mann auf dem Mond zu landen und ihn sicher auf die Erde zurückzubringen. Kein einzelnes Weltraumprojekt in dieser Zeit wird für die Menschheit beeindruckender oder für die Erforschung des Weltraums über große Entfernungen wichtiger sein . und keiner wird so schwierig oder teuer zu erreichen sein. Wir schlagen vor, die Entwicklung des geeigneten Mondraumfahrzeugs zu beschleunigen . Wir schlagen vor, abwechselnd Feststoff- und Flüssigbrennstoffraketen zu entwickeln, die viel größer sind als die derzeit entwickelten, bis wir die Oberhand gewinnen. Wir schlagen vor , zusätzliche Mittel für andere Motor Entwicklungen und für unbemannte Erkundungen, die für den Zweck besonders wichtig , dass diese Nation nie passieren , wird: das Überleben des Mannes, der zuerst diese mutige Flucht macht, aber auf eine sehr reale Weise, wird es nicht Sei ein Zuhause, das zum Mond gehen wird. Wenn wir dieses Urteil bejahen, wird es eine ganze

Nation sein, da wir alle daran arbeiten müssen, es dort zu platzieren.

Dies war die Rede von John Fitzgerald Kennedy am 25. Mai 1961 vor dem Kongress der Vereinigten Staaten. Er glaubte, dass es im nationalen Interesse der amerikanischen Überlegenheit gegenüber anderen Nationen liege. Seiner Ansicht nach war es unerträglich, dass die Sowjetunion im Weltraumrennen weiter vorangetrieben werden sollte .

Das Apollo-Programm war der Name der Bemühungen, den Menschen auf den Mond zu bringen. Das Team wurde am 20. November 1967 bekannt gegeben. Der Kommandeur würde Neil Alden Armstrong (1930 - 2012) sein. Der Pilot des Kommandomoduls wäre Michael C ollins (1930), und der Pilot des Mondmoduls wäre Edwin Eugè ne Aldrin Jr. (1930).

Am 16. Juli 1969 um 13.32 Uhr wurde die Saturn V-Rakete gestartet. Zwölf Minuten später betrat es die Umlaufbahn in einer Höhe von 185,9 mal 183,2 km. Bei 16h22m der Motor der dritten Stufe S-1VB gemacht einen translunar Injektions burn (eine orbitale Manöver, die für die Platzierung der Sonde in der Bewegungsbahn des Mondes verantwortlich wäre.

Um 17:21 Uhr passierte Apollo 11 den Mond. In diesem Moment startete das Schiff seinen Motor, um in die Mondumlaufbahn zu gelangen. Nach 20 Umlaufbahnen beobachtete die Besatzung den Landeplatz mit eigenen Augen.

20. Juli um 12 Uhr 52 m. Armstrong und Aldrin schließen sich Eagle an und beginnen mit den Vorbereitungen für den Abstieg in den Mondboden . Um 17:44 Uhr trennte sich die Eagle-Kapsel von Columbia. Michael Collins blieb allein in Columbia und war für die Inspektion von Eagle verantwortlich. Zu diesem Zeitpunkt rief Neil Armstrong aus: "Der Adler hat Flügel!"

Sonntag, 20. Juli 1969, 20:17 Uhr. Eagle la nded, und sie mussten sich einen Namen dafür einfallen lassen: Alussination, die Mondlandung. Armstrong betonte: „ Houston, dies ist die Basis der Ruhe. Der Adler (der Adler) ist gelandet ! "

2:39 Uhr Die Luke wurde geöffnet und die Männer können gehen. Im Grunde hat Neil Armstrong Probleme, zusammen mit seinem tragbaren Lebenserhaltungssystem durch die Luke zu kommen. Um 2:51 Uhr begann er zur Mondoberfläche abzusteigen. Mehr als 600 Millionen Menschen auf der ganzen Welt sahen diesen Moment im Fernsehen. Er sammelte einige Proben, als Buzz Aldrin sich ihm auf der Mondoberfläche anschloss, kommentierte:

"Herrliche Trostlosigkeit!"

Diese Männer machten Geschichte, sie machten Geschichte. Die erwartete Zeit war gekommen: Neil Armstrong nahm eine Flagge und steckte sie zwei Zentimeter in den Mondboden. Und dann erhielt er , was mit dann 37 als historischem Telefonanruf bekannt wurde th US - Präsident Richard Nixon Milhous:

„ Nixon: Hallo, Neil und Buzz. Ich spreche mit Ihnen telefonisch aus dem Oval Office im Weißen Haus. Und dies muss sicherlich der historischste Anruf sein, der jemals getätigt wurde. Ich kann Ihnen nicht sagen, wie stolz wir alle auf das sind, was Sie getan haben. Für jeden Amerikaner muss dies der stolzeste Tag seines Lebens sein. Und für alle Menschen auf der Welt bin ich sicher, dass sie sich auch den Amerikanern anschließen werden, um die enorme Leistung anzuerkennen, die dies ist. Aufgrund dessen, was Sie getan haben, sind die Himmel Teil der Welt des Menschen geworden. Und während Sie uns vom See sprechen Beschaulichkeit, das inspiriert uns , unsere Anstrengungen zu verdoppeln , zu bringen peac e und Ruhe zur Erde. Für einen unschätzbaren Moment in der gesamten Geschichte des Menschen sind alle Menschen auf dieser Erde wirklich eins: einer in ihrem Stolz auf das, was Sie getan haben, und einer in unseren Gebeten, dass sie sicher auf die Erde zurückkehren.

Armstrong: Danke, Herr Präsident. Es ist eine große Ehre und ein Privileg für uns, hier zu sein und nicht nur die Vereinigten Staaten zu vertreten, sondern auch Männer des Friedens aus allen Nationen, mit Interesse und Neugier und Männer mit einer Vision für die Zukunft. Es ist uns eine Ehre, heute und hier teilnehmen zu können . "

Aber die noch historische Moment war noch der Moment zu kommen, die einst würde und für alle Marke die Souveränität der Vereinigten Staaten gegenüber anderen Nationen, die erklären würde , dass die Amerikaner gewonnen hatte , den Raum Rennen : Neil Armstrong auf dem Schiff ging und entdeckt eine Plakette im Abstiegsstadium der Mondlandefähre. Diese Tafel enthielt zwei Zeichnungen des Planeten Erde (beide Hemisphären), die Unterschriften der drei Astronauten von Präsident Nixon sowie ein Abzeichen mit der Aufschrift : „ HIER MÄNNER VON DER PLANETENERDE ERSTER FUSS AUF DEM MOND JULI 1969 AD WE CAME IM FRIEDEN FÜR ALLE MENSCHLICHKEITEN . " Armstrong beschreibt, wie der Boden des Mondes aussieht, und sagt beim Gehen: "Ein kleiner Schritt für mich, ein großer Sprung für die Menschheit."

    Die Rückkehr nach Hause war ein Erfolg, fast wie von Jules Verne vorausgesagt. Das von John Fitzgerald Kennedy zu Beginn des Jahrzehnts gesetzte Ziel wurde erreicht.

Viele Dinge, die wir heute verwenden, wurden nur erfunden, um Astronauten auf ihrer Reise durch den Kosmos zu unterstützen. Höchstwahrscheinlich verfügt das von Ihnen verwendete Smartphone über mehr Technologie als das gesamte Mondmodul, das über 2 KB RAM verfügt. Nun wollen wir sehen die Technologie heute wir wegen dieser Reise nutzen, und es gibt Leute , die sagen , es war dumm für den Mann , zu dem Thema M Oon.

Damit der Flug für die NASA keine Katastrophe mehr war, beschlossen sie, menschliche Fehler so weit wie möglich zu vermeiden. Daher beauftragte die NASA Draper Laboratories mit dem Aufbau eines computergestützten Leitsystems und stützte sich auf Software, um große Datenmengen zu speichern.

Das Kriterium der Lebensmittelkonservierung, das wir heute haben, ist mit Apollo 11 verbunden, da Astronauten auf langen Missionen die unterschiedlichsten Arten von Lebensmitteln erhalten mussten.

Als Marathonläufer ihr Abschluss - Rennen, die y in einem silbernen Decke gewickelt ist, th gleiche e gilt , wenn jemand einen Unfall hat. Dies wurde geschaffen, damit Astronauten die drastische Temperaturänderung nicht spüren; was oft außerhalb der Atmosphäre auftritt.

Heute sind wir es gewohnt , in einem Betrieb anzukommen und mit einem Infrarotmesser auf Temperatur gebracht zu werden. Dies ist nur möglich, weil Astronomen die Hitzewellen des Planeten messen mussten.

Was ist mit den HI-FI-Stereoanlagen, die wir in unseren Häusern verwenden ? Aufgrund der Technologie, mit der Armstrong die Steine in den Mondboden bohrte . Was ist mit Kontaktlinsen, die viele junge Menschen schön machen und anderen Menschen helfen, sie zu sehen? Sie wurden geschaffen, damit die Augen der Astronauten nicht unter ultraviolettem Licht leiden.

Nach dem Verlust des Lebens der Astronauten im Jahr 1967 war es ihnen ein Anliegen, ihre Gesundheit im Weltraum 24 Stunden am Tag im Auge zu behalten. Aus diesem Grund wurden Herzmonitore entwickelt, wie wir sie in Krankenhäusern sehen.

Viele der Dinge, die wir heute verwenden, die technologischen Fortschritte, die wir gemacht haben, können in den meisten Fällen auf die Bemühungen zurückgeführt werden , die die Amerikaner unternommen haben, um einen Mann in den Weltraum zu bringen. GPS, Google Earth und das Kameraüberwachungssystem sind nur weitere Beispiele dafür, dass viele der von uns verwendeten Inhalte von der NASA stammen.

Wie erwartet hörte das Raumrennen nicht mit der Ankunft des Menschen auf dem Mond auf, noch mit dem Kalten Krieg (der erst 1975 endete). Obwohl es in den 1980er Jahren endete, wurden Technologien entwickelt, insbesondere Weltraumwaffen. Und als Weltraumwaffe meinen wir jedes Objekt, das sich in oder mit einem Ziel auf der Oberfläche befindet oder mit einem Ziel in der Umlaufbahn auf der Oberfläche ist . Während der Amtszeit von Ronald Regan konzipierten die USA ein Projekt, das im

Volksmund als „ Star Wars" bekannt wurde. Der Name lautete jedoch SDI-Strategic Defense Initiative oder Strategic Defense Initiative. Das SDI-System bestand hauptsächlich aus einem Netzwerk bewaffneter Satelliten , die Interkontinentalraketen mit nuklearen Sprengköpfen aus dem Weltraum erkennen und abschießen konnten . Wenn es in Betrieb gehen würde, würde das SDI die Offensivmacht eines Landes, einschließlich der UdSSR, zunichte machen. Als Reaktion darauf schuf die Gorbatschow-Ära den Polyus, eine Weltraumwaffe, die mit Atomkanonen und einer Laserkanone ausgestattet ist und Ziele auf der Erde angreifen und SDI sa tellites abschießen kann. Im Monat seiner Veröffentlichung, im Mai 1987, fiel Polyus jedoch in den Ozean und das Programm wurde abgesagt. Das SDI-Programm wurde nie in Betrieb genommen. In der Bush-Ära wurde es in Missile Shield umbenannt, aber es war Barack Obama, der es für immer annullierte.

Teil 5 - Raumsonden

Wenn wir zurückblicken und die Ankunft des Menschen auf dem Mond sehen, denken wir sicherlich, dass dies eine große technologische Leistung ist; und ist. Jedoch , genialer als das, waren die unbemannten Missionen. Wir müssen uns an sie erinnern und sie würdigen, schließlich haben sie die größten wissenschaftlichen Entdeckungen gemacht.

Die erste Raumsonde namens Lunik II wurde 1959 von den Sowjets gestartet und fiel als erste in die Umlaufbahn der Sonne. Danach wurden mehrere Sonden gestartet, nicht nur für den Mond , sondern auch für andere Planeten, die nicht nur von der Sowjetunion, sondern auch von den Amerikanern gesendet wurden .

Lassen Sie uns jetzt die Geschichte der berühmtesten Raumsonden wissen.

Mariner-Programm

Das Mariner-Programm wurde von der NASA mit dem Ziel entwickelt , die Planeten Merkur, Venus und Mars zu erkunden. Es waren fünf Missionen mit 10 Sonden geplant.

Die erste erfolgreiche Mission war Mariner 2, die 1962 gestartet wurde. Sie verlief in der Nähe der Venus und erhielt Daten über die atmosphärischen Bedingungen dieses Planeten.

Mariner 4 wurde 1964 gestartet und sie war es, die die ersten Bilder vom Mars schickte. Mariner 10 besuchte Merkur und im Jahr 1973 hatten wir die ersten Informationen über den Planeten, der der Sonne am nächsten liegt. Mariner 9 war diejenige, die die wichtigsten Entdeckungen über den roten Planeten enthüllte: Sie fotografierte einen 2 bis 7 Kilometer hohen Vulkan namens Olymp zu Ehren der griechischen Mythologie, der ihrer Meinung nach der höchste Ort im Universum war, dessen Heimat die Götter. 1985 offenbarten Wissenschaftler der NASA die große

Möglichkeit von Wasser in flüssiger Form und in großen Mengen im Untergrund des Mars. Mariner 9 fotografiert auch die Polkappen an den Marspole, das Wasser wurde in einer Schicht von gefrorenen CO_2 Eis welches weiß n wie Kohlensäure Schnee.

Die Mission Mariner Serie

Mariner 1 - 22.07.1962 - Mission zur Venus geplant, aber aufgrund einer Abweichung der Route wurde Selbstzerstörung angeordnet, die nur 293 Sekunden nach dem Start erfolgte.

Mariner 2 - 27 /08/1962 - Die s pacecraft geleitet, um die 35.000 km von Venus am 14. Dezember 1962 und schickte wertvolle Informationen über den Planeten.

Mariner 3 - 05.11.1964 - Sonde identisch mit der Mariner 4- Sonde, und beide wurden als Mariner-Mars bekannt. Der Schnee passierte 9.920 Kilometer vom Mars entfernt : Die Marsoberfläche wurde 22 Mal von Mariner 4 fotografiert.

Mariner 5 - 14.06.1967 - Am 19. Oktober 1967 flog Mariner 5 über die Venus und sammelte und übertrug 8 Informationen.

Mariner 6 - Diese Raumsonde passierte am 31. Juli 1969 den Mars, machte Fotos und analysierte Atmosphärendruckdaten.

Mariner 7 - 27.03.1969 - Obwohl Mariner 7 das gleiche Ziel wie Mariner 6 hatte , profitierte er davon, dass er der zweite war, der auf dem Mars ankam. Die Wissenschaftler konnten das umprogrammierbare Befehlssystem des Raumfahrzeugs verwenden, um es zu strukturieren und zusätzliche Fotos des Mars- Südpols aufzunehmen , was sein Interesse während des Vorbeiflugs an Mariner 6 weckte. Ein Foto zeigte sogar den unregelmäßigen Mond des Mars , Phobos.

Mariner 8 - 18/05/1971 - Aufgrund eines Fehlers in der Trägerrakete erreichte Mariner 8 die Erdumlaufbahn nicht und stürzte kurz nach dem Start in den Atlantik.

Mariner 9 - 30.05.1971 - Nach 167 Reisetagen betrat er die Umlaufbahn des Mars und fotografierte einen Sandsturm, entdeckte Vulkane, Kanäle und Täler, der den Namen Valles Marines trägt, der dem Programm zu Ehren ist. Er fotografierte auch Phobos und Deimos.

Mariner 10 - 1973.11.03 - Mariner 10 war der Erste , der eine Menge zu tun: es war die erste Sonde , die die Theorie der Erdbeschleunigung zu verwenden (die die Postulate Idee von der Schwerkraft eines Himmelskörper zu Hilfe Navigation mit) benutzte sie den Planeten Venus, um Merkur zu erreichen. Mariner 10 war auch die erste Sonde, die Merkur erreichte, und bis zum 18. März 2011 war es die einzige, die diesen Planeten besucht hatte. Außerdem schickte sie Details über den Planeten Venus und den Kometen Kohoutek.

Das Pionneer-Programm

Das Pioneer-Programm wurde in Nordamerika für unbemannte Planetenerkundungen entwickelt. Dieses Programm war jedoch durch die Anzahl der aufgetretenen Fehler gekennzeichnet. Der Name Pioneer wurde gegeben, um den

Pioniergeist der Amerikaner im Weltraum zu bekräftigen.

Pioneer 0 - 17. August 1958 - Das war angeblich P seine ioneer ich, aber aufgrund eines Defekts 77 Sekunden nach dem Start wurde es zerstört und sie haben es nicht so nennen.

Pioneer 1 - 10/11/1958 - Dies war das erste Raumschiff, das von der NASA gestartet wurde, da es zuvor den Namen NACA (National Advisory Committee for Aeronautics) hatte. Es würde verwendet werden, um den Mond zu umkreisen, aber aufgrund eines Fehlers beim Start kam es nie dort an.

Pioneer 2 - 08.11.1958 - Diese Mission war die letzte Pioneer-Sonde, die von der Thor-Able-Rakete gestartet wurde. Aufgrund eines Problems in der dritten Stufe der Trägerrakete erreichte die Sonde eine Höhe von 1550 km, trat wieder in die Atmosphäre ein und zerstörte sich selbst.

Pioneer 3 - 06.12.1958 - Dies war die erste Sonde, die die Juno-Rakete einsetzte. Als es jedoch eine Höhe von 102.360 km erreichte, hatte es in der ersten Stufe der

Trägerrakete einen Fehler und trat wieder in die Atmosphäre ein , wodurch die Mission mit einem fehlgeschlagenen Status beendet wurde.

Pioneer 3 hat jedoch wichtige Informationen über den Van-Allen-Gürtel gesammelt, in dem aufgrund der hohen Partikelkonzentration im Erdmagnetfeld verschiedene Phänomene in der Erdatmosphäre auftreten .

Pioneer 4 - 2/02/1959 - Dies ist die erste amerikanische unbemannte Mission, die erfolgreich ist. Es passierte 58.983 km von der Mondoberfläche entfernt. Diese Entfernung aktivierte nicht den photoelektrischen Sensor, mit dem es ausgestattet war, was die Durchführung der Pioneer 4-Experimente verhinderte. Im März 1959 trat die Sonde der Umlaufbahn der Sonne und wurde th e erster die Erde Fluchtgeschwindigkeit zu erreichen , die die minimale Geschwindigkeit ist , dass jedes Objekt ohne Antrieb benötigt, um die zu entkommen Gravitationsanziehungskraft .

Pioneer P-1 - 24.09.1959 - Dies war eine Mission, die auf der ganzen Welt immer noch gescheitert ist . Die Trägerrakete explodierte ihre erste Stufe, während sie sich noch auf der Startrampe befand. Da es sich immer noch um einen statischen Test handelte (beim Testen der Triebwerke bei gestoppter Rakete), waren die zweite Stufe und die Nutzlast im Test nicht vorhanden, sodass sie sicher waren.

P-3 Pioneer, Pioneer oder X - 26.11.1959 - Diese Aufgabe ist ebenfalls nicht erfolgreich, da nach 45 Sekunden Start die Glasfaserhülle, die die Nutzlast schützt, platzte und die Nutzlast freilegte . Die Kommunikation mit den Bühnen ging verloren und das Schiff ging nach 104 Sekunden seines Starts verloren.

Pioneer 5 - 11/03/1960 - Dies war die einzige Sonde des Pioneer-Programms, die von der Able-Rakete gestartet wurde, um erfolgreich zu sein. Die Sonde bestätigte das Vorhandensein des interplanetaren Magnetfelds .

Pioneer P-30 oder Pioneer Y - 25.09.1960 - Der Pioneer P-30 war auch eine der Sonden, die wie die meisten nicht erfolgreich waren. Die erste Stufe funktionierte zufriedenstellend; Die zweite Stufe erreichte nicht die notwendige Auftriebskraft. Somit erreichte die Nutzlast nicht die Umlaufbahn und trat wieder in die Atmosphäre ein.

Pioneer P-31 - Pioneer Z - 15.12.1960 - Diese Mission endete natürlich mit einem fehlgeschlagenen Status. Die Trägerrakete explodierte nur 68 Sekunden nach dem Start.

Pioniermissionen wurden 1960 eingestellt, aber 1965 wurde das Programm zur Erforschung des inneren Sonnensystems wieder aufgenommen. Die Pioniere 6,7, 8 und 9 befinden sich in der Mondumlaufbahn. Nur Pioneer 10 oder Pioneer E hatte beim Start im August 1969 ein Problem und ging verloren.

Pioneer 10 - 03/02/1972 - Pioneer 10 wurde entwickelt , um den Planeten Jupiter zu untersuchen. Es erreichte eine Geschwindigkeit von 5.680 km / h, die höchste Geschwindigkeit, die bisher von künstlichen Artefakten erreicht wurde. Am 6. November 1973 begann Pioneer 10 mit der Aufnahme von Testbildern und näherte sich am 30. Dezember dieses Jahres 130.000 km von der J- Upiter-Oberfläche. Aufgrund der Gravitationsbeschleunigung erreicht die Sonde eine Geschwindigkeit von 132.000 km / h.

Nach den verschiedenen Fotos von Pioneer 10 und nachdem sie einige Stunden ohne Kontakt zur Erde verbracht hatte, tauchte sie wieder auf. Sie hatte sich hinter dem Planeten versteckt. Jetzt befindet er sich auf einem Weg aus dem Sonnensystem. 1976 passierte es den Saturn, 1980 die Uranus-Umlaufbahn und 1983 die Pluto-Umlaufbahn.

Im Jahr 2003 sendete Pio neer 10 sein letztes Signal. Bis dahin wurden weiterhin Informationen über das äußere Sonnensystem gesendet. Pioneer 10 trägt eine goldene Platte, in die das menschliche Bild eingraviert ist, falls es von außerirdischen Wesen abgefangen wird.

Pioneer 11 - 04/04/1973

Wie der Pioneer 10 hat er eine goldene Platte, auf der das menschliche Bild eingraviert ist. Zwischen den Bahnen von Mars und Jupiter befindet sich einen Streifen voller Asteroiden , die genannten

Asteroidengürtel, die beide Pioneer 10 und 11 durchlaufen sie ohne Probleme, obwohl die Kollisionsrate 9 war: 1. Am 1. st September ember 1979, Pioneer 11 machte die ersten Fotos in Gehweite des Saturn, wo Sie die 9. Monde und Ringe entdecken können. Danach folgte Pioneer 11 seinem Weg aus dem Sonnensystem und studierte auf seinem Weg ins Unbekannte den Solarwind .

Im Mai 2010 befand sich das Raumschiff Pioneer 11 im Sternbild Scutum in einer Entfernung von 80 astronomischen Einheiten von der Sonne. Um eine Vorstellung zu haben, wird die Sonde erst in 14.00 Jahren oder noch länger die Oort-Wolke passieren und, wenn sie bis dahin nichts beschädigt , völlig frei vom Einfluss der Sonne sein.

Pioneer H oder Pioneer 12 - Diese Sonde sollte 1974 gestartet werden, wurde jedoch bei ihrem Start abgebrochen. Nach der Absage von Pioneer H arbeitete die NASA an einem neuen Projekt namens Pioneer Venus Project, das in zwei Schritten gestartet wurde: Pioneer Venus Orbi ter und Pioneer Venus Multiprobe.

Der Pioneer Venus Orbiter oder Pioneer 12 wurde am 20. Mai 1978 gestartet. Nachdem die Sonde sechs Monate und zwei Wochen gereist war, erreichte sie am 4. Dezember 1978 am 4. Dezember 1978 die Venus. Während sie den Planeten Venus umkreiste, befand sich der Pioneer 12 in der Lage, den Kometen Halley zu beobachten, während es noch unmöglich war, von der Erde aus zu beobachten; Was erst im Februar 1986 geschah.

Pioneer 12 schickte sehr wichtige Informationen über den Planeten Venus e. im Mai 1992 ging der Treibstoff der Sonde aus und ihre Umlaufbahn nahm bis zum 8. Oktober 1992 allmählich ab, und ihre letzten Signale kamen um 19:22 UTC an. Nach 14 Jahren, vier Monaten und 18 Tagen, am 22. Oktober 1992, zerfiel Pioneer 12 beim Eintritt in die Atmosphäre der Venus.

Pioneer Venus 2 oder Pioneer 13.

Das am 8. August 1978 gestartete Raumschiff traf am 9. Dezember 1978 auf der Venus ein. Pioneer 13 trug vier kleinere Sonden mit den Namen Right, Day, North und Large mit sich, um die Atmosphäre der

Venus zu untersuchen. Beide haben ihre Pflicht erfüllt, aber die Tagessonde sendete noch 67 Minuten lang Daten von der Venus, nachdem ich in die Atmosphäre eingetreten war.

Das Voyager-Programm

Die Amerikaner sind auch verantwortlich für das Voyager-Programm, das nach dem Film Star Trek sehr berühmt wurde: Der Film, der sich mit der Geschichte einer von Voyager 6 gegründeten digitalen Zivilisation befasst (nie veröffentlicht), die unermüdlich nach Wissen und seinem Schöpfer sucht .

Voyager 1

Voyager 1 wurde gestartet am September 5, 1977 wurde um Daten von Jupiter und Saturn entwickelt. Am 4. Januar 2021 hat Voyager 1 43 Jahre, 4 Monate und 9 Betriebstage abgeschlossen (wenn ich dies schreibe) und überträgt immer noch Daten zurück zur Erde. Am 26. Juni 2013 bestätigte die NASA die Information, dass Voyager 1 zum ersten Mal in der Geschichte das erste künstliche Objekt war, das den interstellaren Raum betrat. Es hat das Sonnensystem nicht einmal verlassen , befindet sich jedoch bereits in einem Raum , der als magnetische Autobahn bezeichnet wird und von anderen Sternen in der Milchstraße beeinflusst wird.

Voyager 1 trägt eine Botschaft der Menschheit für eine wahrscheinliche Rettung durch eine andere außersolare Zivilisation mit sich. Die Pioneer-Sonde trug Goldplatten mit Inschriften der Menschheit. Die beiden Voyager haben jedoch etwas mehr Informationen bei sich. Die Schiffe tragen eine 12-Zoll-Schallplatte aus Kupfer und vergoldet. Diese CD enthält 115 Fotos des Landes und verschiedene Geräusche sowie eine Anleitung zur Verwendung .

Voyager 2

Die Voyager 2 wurde am 20. August 1977 gestartet. Am 9. Juli desselben Jahres näherte sich das Raumschiff Jupiter in einer Entfernung von 570.000 Kilometern. Sie entdeckte einige Ringe um diesen Planeten sowie vulkanische Aktivitäten auf Io, einem seiner Monde. Voyager 2 entdeckte auch neue Satelliten: Adrastea, Metis und Tebe.

Am 25. Januar 1981 näherte sich Voyager 2 dem Saturn und machte wunderschöne Bilder.

Am 24. Januar 1986 traf Voyager 2 in Uranus ein und dort entdeckte die Sonde mehrere Satelliten: Cordelia, Ophelia , Bianca, Cressida, Desdemona, Julia, Portia, Rosalinda, Belinda und Puck; sowie ein dünner Ring um diesen Planeten. Es war Voyager 2, der entdeckte, dass der Südpol des Uranus im Gegensatz zu allen Planeten im Sonnensystem immer der Sonne zugewandt ist.

Im August 1989 kam Voyager 2 in Neptun an, machte mehrere Fotos und erforschte seinen natürlichen Satelliten Triton. Nach dem Passieren th groben Plutos Umlaufbahn, setzte die Sonde ihren Weg ins Ungewisse auf. Mehr als 18,7 Milliarden Kilometer von der Erde entfernt und immer weiter entfernt, konnte Voyager 2 ein Signal von der Erde empfangen und nach 17.24 Uhr erneut senden.

Wie Voyager 1 hat Voyager 2 eine goldene Schallplatte mit dem Titel „ Songs of the Earth" mit 1h30min Musik und einigen

Klängen von unserem Planeten. Die CD trägt die Aufschrift: „ Für Musikmacher aller Welten und aller Zeiten" (für Musikproduzenten aller Welten und aller Zeiten). Natürlich enthält die Platte eine von Beethovens Symphonien.

Das Wikingerprogramm

Das ebenfalls von den Amerikanern entwickelte Wikingerprogramm bestand aus zwei Sonden, die zum Mars geschickt wurden.

Wikinger 1

Dieses Raumschiff wurde am 20. August 1975 gestartet. Am 9. Juni 1976 trat das Raumschiff in die Umlaufbahn um den roten Planeten ein. Als das Schiff am geplanten Ort ankam, stellte sich heraus, dass der für die Landung bestimmte Ort zu felsig und schwer zu landen war. Die für den 4. Juli 1976 geplante Landung musste verschoben werden, und am 20. Juli dieses Jahres, 28 Kilometer vom geplanten Ort entfernt, landete Viking 1 um 11.53 Uhr UTC. Der Ort wurde als Chryse Planitia bekannt.

Am 11. November 1982 hörte das Schiff auf zu arbeiten, als ein Schreibbefehl von der Erde gesendet wurde, was zu einem Kommunikationsverlust führte.

Wikinger 2

Die Sonde wurde am 9. September 1975 gestartet. Vor dem Eintritt in die Marsumlaufbahn sendete die Sonde bereits Bilder des Planeten.

Am 3. September 1976 landete das Schiff um 22.37 Uhr UTC in Utopia Planitia , aber wie Viking 1 hielt Viking 2 nicht lange, und am 11. April 1980 versagten seine Batterien und gingen verloren. wenn Kontakt mit der Erde.

Mars Pathfinder

Der Mars Pathfinder war eine Sonde, die am 4. Dezember gestartet wurde und am 4. Juli 1997 auf dem Mars landete. In Ares Vallis befand sich ein Explorationsrover. Mars Pathfinder war innovativ in der Art und Weise, wie Roboter-Rover an andere Planeten geliefert werden sollten. Die Sonde gab auch eine beispiellose Menge an Daten über den roten Planeten zurück.

Das Galileo-Weltraumproblem e

Benannt nach dem italienischen Wissenschaftler und Astronomen Galileo Galilei, der war ein Beobachter der Jupitermonde, die vier größten sind klassifiziert als Galileischen Monde (Europa, Io, Calisto und Ganymede, von ihm sowohl entdeckt). Galileo startete am 18. Oktober 1989 und betrat am 7. Dezember 1995 die Jupiter-Umlaufbahn. Galileo startete als erstes eine Sonde auf dem Planeten, die beim Abstieg Daten aus seiner Atmosphäre übertrug und durch Druck und Hitze zerstört wurde .

Die Sonde blieb 14 Jahre lang in der Umlaufbahn um den Planeten und untersuchte das Flugzeug und seine Monde, bis die Mission am 21. April 2003 endete und die NASA beschloss, das Raumschiff in die Atmosphäre des Jupiter zu starten. Nach den von Galileo übermittelten Daten wird angenommen, dass der Mond Europa einen Ozean unter der Eiskruste schützt und dass es in diesem Ozean eine bestimmte Art von Leben geben kann; Schließlich würde die notwendige Wärme nicht von der Sonne kommen, sondern von der vulkanischen Aktivität im Kern des Mondes. Deshalb wurde Galileo auf Jupiter geworfen, damit es keine Art von Leben „ verschmutzt" und kontaminiert, die es dort enthalten könnte.

Cassini-Huygens

Die unbemannte Weltraummission von Cassini-Huygens, die auf den Planeten Saturn geschickt wurde. Dies war nicht nur ein amerikanisches Projekt, sondern ein Projekt, das nicht gemeinsam von der NASA, der ESA (Europäische Weltraumorganisation) und der AZI (Agenzia Zpazialle Italiana) durchgeführt wurde. Es wurde am 15. Oktober 1997 gestartet und trat am 1. Juli 2004 in die Saturn-Umlaufbahn ein und war bis zum 15. September 2017 in Betrieb.

Das Raumschiff wurde nach dem französisch-italienischen Astronomen und Mathematiker Giovanni Cassini benannt, der mehrere Satelliten auf dem Saturn und mehrere Ringe auf dem Planeten entdeckte.

Der Name verwendet auch den Namen des niederländischen Astronomen und Physikers Cristiaan Huygens, der 1655 Titan , den größten Saturn- Satelliten , entdeckte .

Cassini war dafür verantwortlich zu entdecken, dass es aufgrund der Kohlenstoffkonzentration Diamanten auf Jupiter und Saturn regnet. Diese astronomische Anzeige endet jedoch, bevor sie die Oberfläche erreicht: Aufgrund der hohen Temperaturen und der Methankonzentration lösen sich die Diamanten, die bis zu 10 Zentimeter erreichen können, auf.

Im Jahr 2004 lösten sich die beiden Raumschiffe ab und das Cassini-Raumschiff begann seine Landung auf Titan, die am 14. Januar 2005 stattfand. Dies war die erste Landung eines Raumfahrzeugs auf einem anderen Satelliten als unserem. Bei dieser Landung wurde festgestellt, dass dort Methan regnet.

Teil 6 - Raumstation s

Es war Hermann Oberth, der 1923 den Ausdruck „ Raumstation" prägte . Er schuf es, als er eine Struktur entwickelte, die als Ausgangspunkt für Reisen zum Mond oder Mars dienen sollte.

Skylab

Skylab - Sky Laboratories (eine Übersetzung bedeutet wörtlich Labor des Himmels) - wurde am 14. Mai 1973 von den Amerikanern gestartet und befand sich in einer Erdumlaufbahn von 435 Kilometern.

Der Name Skylab definiert auch die Mission, die Astronauten dazu brachte, im Weltraum zu arbeiten, um Skylab in Betrieb zu nehmen.

1979 trat die gesamte Struktur jedoch vorzeitig wieder in die Atmosphäre ein und beendete die amerikanischen Bemühungen, den Raum dauerhaft zu besetzen.

Die Mir Raumstation

Der Name Mir (Мир) kann Frieden oder Welt bedeuten und war die erfolgreichste Erfahrung einer dauerhaften Besetzung im Weltraum. Es war von 1986 bis 2001 in Betrieb. Es begann als Eigentum der Sowjetunion und als der Kommunismus fiel, wurde Mir russisches Eigentum.

Ab 21. März 2001 war es der größte Satellit in der Umlaufbahn, bis sie abgelöst wurde von der Internationalen Raumstation ISS.

Die ISS wurde 1988 gebaut und am 8. Juli 2011 offiziell fertiggestellt. Sie wurde sogar vor ihrer Fertigstellung in Betrieb genommen.

Teil 6 - Männeraugen im Weltraum die

Aus einer einzigartigen Perspektive haben Weltraumteleskope der Menschheit geholfen, unser Verständnis des Weltraums zu ändern. Weltraumteleskope sind sehr leistungsfähige Werkzeuge in Bezug auf die Beobachtung des Kosmos , da sie astronomische Beobachtungen durchführen, die praktisch unmöglich wären, wenn sie auf der Erdoberfläche durchgeführt würden. Lassen Sie uns jetzt über die wichtigsten sprechen .

Herschel-Weltraumobservatorium

Dies war eine Sonde, die am 14. Mai 2009 von der ESA gestartet wurde. Sein Vorname war Firts - Ferninfrarot- und Submillimeter- Teleskop, was Infrarot-Teleskop mit Submillimeterwellenlänge bedeutet.

Dieses Teleskop war das erste, das den Infrarotbereich bis zum Submillimeterbereich des elektromagnetischen Spektrums (vollständiger Bereich aller möglichen elektromagnetischen Strahlungsfrequenzen) abdeckte.

Das Herschel-Weltraumobservatorium wog etwa 3,25 Tonnen , war 9 Meter hoch und 4,3 Meter breit. Der Spiegel bestand aus Silikonkarbid .

Das Teleskop wurde nach dem britischen Astronomen William Herschel benannt, der 1800 die Existenz eines Bandes im elektromagnetischen Spektrum entdeckte, das sich außerhalb des sichtbaren Lichts befand und später als Infrarot bekannt wurde.

Das Herschel-Weltraumteleskop war das leistungsstärkste Infrarot-Teleskop, das jemals auf den Markt gebracht wurde. Wir werden die überraschenden Entdeckungen hier detailliert beschreiben :

- Sauerstoff im Weltraum
- Regen auf dem Saturn
- Annäherung des Asteroiden Apophis
- Asteroidengürtel in Sternen
- Zusammenprall der Galaxien
- Staub klingelt in Andromeda
- Ein Stern kann 50 Planeten wie Jupiter erzeugen

- Sternfabrik
- Geburt massereicher Sterne

Das Teleskop war bis zum 29. April 2013 in Betrieb. Teleskope, die Geräte zur Erfassung des Ferninfrarotspektrums verwenden, benötigen flüssiges Helium, um ihre Beobachtungsgeräte zu kühlen. An diesem Tag lief die Flüssigkeit, die das Teleskop abkühlte, aus und es wurde überhitzt , aber die NASA hatte dies bereits erwartet.

ISSO -Weltraumteleskop e

Das ISO (Infrared Space Observatory) war ein Weltraumteleskop für Beobachtungen für Infrarotbeobachtungen. Dieses Drahtteleskop wurde 1995 gestartet, aber seine Planung begann viel früher, 1979. Es blieb bis 1998 in Betrieb und blieb 8 Monate länger als erwartet im Weltraum.

SOHO

Der Solar - und Heliosphären - Observatorium wurde am 2. gestartet Dezember 1995 und das Design war eine Verbindung zwischen der ESA und der NASA und ihrem Zweck war die Sonne zu studieren, heute die Sonde weiterhin Informationen über die Sonnenaktivität senden ; Aber während seiner Mission wurde SOHO der größte Kometenfinder in der gesamten Geschichte der Menschheit.

SOHO war in seiner 25-jährigen Geschichte für die Entdeckung von mehr als 4000 Kometen verantwortlich. Der letzte Komet wurde SOHO-4000 genannt, er war in der Nähe der Sonne so schwach, dass SOHO das einzige Teleskop war, das ihn entdeckte, und hier auf der Erde war er unsichtbar.

SPITZER SPACE TELESCOPE

Ursprünglich hieß es Stirf und stand für Space Infrared Telescope Facility. Der Name wurde jedoch geändert , um den renommierten amerikanischen Astrophysiker

Lyman Spitzer zu ehren, der als erster vorschlug, Teleskope im Weltraum zu platzieren, und mehrere Skizzen für die Hubble-Entwicklung anfertigte . Das Spitzer-Teleskop wurde am 25. August 2003 auf den Markt gebracht.

Der Spi tzer nahm Bilder und Spektren auf, die durch Detektion von Infrarot-Wärmestrahlung erhalten wurden. Aufgrund der Erdatmosphäre kann diese Art von Strahlung nicht erfasst werden, und Spitzer war dafür verantwortlich, Regionen des Weltraums zu fotografieren, die noch nie zuvor von terrestrischen Teleskopen erfasst wurden. Dieses Teleskop machte unglaubliche Entdeckungen, darunter:

- Die erste Wetterkarte eines Exoplaneten;
- Versteckte Wiege neugeborener Sterne;
- Eine wachsende Sammlung von Galaxien;
- Saturns größter Ring;
- "Buckyballs" im Weltraum;
- Kollisionen von Planetensystemen;

- Das erste Teleskop, das Moleküle in der Atmosphäre von Exoplaneten direkt identifiziert;
- Entfernte schwarze Löcher;
- Der am weitesten entfernte Exoplanet;
- Direktes Licht von einem Exop- Lanet;
- Erkennung kleiner Asteroiden
- Eine beispiellose Karte der Milchstraße;
- Große Babygalaxien;
- Sieben Exoplaneten wie die Erde um einen einzelnen Stern.

Dieses Teleskop wurde entwickelt, um Informationen aus dem Weltraum zu erhalten, um die Ursprünge des Universums und die Entstehung von Sternen und Galaxien zu verstehen . Am 30. Januar 2020 wurde er in den Ruhestand versetzt.

CHANDRA SPACE TELESCOPE

Das Chandra-Röntgenraumobservatorium wurde am 23. Juli 1999 gestartet und ist nach dem indischen Physiker Subramanyan Chandrasekhar benannt . Dies ist das leistungsstärkste Röntgenteleskop, das jemals auf den Markt gebracht wurde. Schauen wir uns ihre wichtigsten Ergebnisse an:

- Ein heller Ring um den Hauptpulsar des Krebsnebels;
- Die hellste Supernova, die jemals gesehen wurde, eine Art Supernova, die zuvor vorhergesagt, aber mit diesem Foto bestätigt wurde;
- Die Geschwindigkeit des Cygnus X-1;
- Bestätigung der dunklen Energie.

HUBBLE SPACE TELESCOPE

Das Hubble-Weltraumteleskop wurde am 24. April 1990 gestartet, aber seine

Geschichte beginnt 1946, dem Jahr, in dem die Initiative für seine Schaffung begann. Auf seinem Weg hat Hubble verschiedene Probleme wie Budget und Verzögerungen erlebt . Im Jahr seines Starts zeigte das Teleskop eine sphärische Aberration im Spiegel, und dies schien die Milliarden von Dollar, die in das Projekt investiert wurden, zu zerstören. 1993 wurde eine bemannte Weltraummission entworfen, um die Ausrüstung zu reparieren, wodurch sie wie geplant funktionierte.

Sein Name kommt zu Ehren des Astronomen Edwin Powell Hubble, der feststellte, dass die Geschwindigkeit, mit der sich die Galaxien entfernten, proportional zu ihrer Entfernung war und die Astronomie revolutionierte. Wie der Astronom, auch das Teleskop der Astronomie revolutioniert, w i th alle seine Entdeckungen sowie gemacht viele Menschen mit ihren schönen Bildern weinen.

Einige alte astronomische Probleme wurden von Hubble gelöst, und neue Beobachtungsergebnisse erforderten neue Technologien, und neue Technologien erforderten neue Theorien, um sie zu erklären. Hubble hat den Wert der Hubble-Konstante begrenzt, das Maß für die Geschwindigkeit, mit der sich das Universum ausdehnt.

Hubble half nicht nur dabei, Schätzungen des Alters des Universums zu verfeinern, sondern stellte auch Theorien über seine Zukunft in Frage . Unbestreitbar ist, dass die von Hubble produzierten Bilder ein einzigartiges Erbe sind. Die entferntesten Regionen des Himmels hoben ihren Schleier vor Hubbles Kameras, öffneten ein neues Fenster zum Uruniversum und entdeckten noch mehr Dinge, wie zum Beispiel:

- Der gewalttätige Prozess der Geburt eines Sterns;
- Eine Unendlichkeit von Schwarzen Löchern;
- Eine detaillierte Studie von Jupiter;
- Die schönsten Bilder des Universums.

JAMES WEBB SPACE TELESCOPE

Das James Webb-Weltraumteleskop ist ein Projekt einer unbemannten Mission, die darauf abzielt, ein neues Teleskop in die Umlaufbahn zu bringen, das Hubble in Zukunft ersetzen wird, wenn er in den Ruhestand geht. wahrscheinlich im Jahr 2022. Dies ist ein NASA- Projekt in Zusammenarbeit mit der ESA.

James Webb sollte die Bildung der ersten Laxies beobachten, die Produktion der Elemente durch die Sterne sehen und die Entstehungsprozesse der Sterne und Planeten sehen.

Bis 2002 wurde das Projekt als Next Generation Space Telescope mit dem Akronym NGST bezeichnet. Der Begriff „ nächste Generation " ist ad irect Verweis auf die Tatsache , dass es der Ersatz für alle Teleskope sein sollte.

Allerdings hat selbst Hubble einen Rivalen an Land. Selbst wenn Sie es nicht glauben, gibt es ein Superteleskop auf der Erde, das die Ergebnisse des Weltraumteleskops treffen kann.

Dies wirft eine sehr wichtige und interessante Frage auf. Wenn es auf der Erde ein Teleskop gibt, das Bilder so gut wie Hubbles Bilder aufnehmen kann, warum dann all die Anstrengungen, ein Teleskop in die Umlaufbahn zu bringen?

Stellen Sie sich eine Situation vor: Stellen Sie sich ein Aquarium und eine Kamera unten vor. Wenn das Wasser still ist, sieht das Foto nicht so gut aus, und wenn sich das Wasser bewegt, sieht das Foto wie eine Unschärfe aus. In diesem Fall repräsentiert das Aquarium die Erde und Wasser die Erdatmosphäre.

In Chile, mitten in der trockenen Atacama-Wüste, befinden sich die leistungsstarken Teleskope des Europäischen Südobservatoriums. Die Landschaft erinnert uns sogar an den roten Planeten, total heiß, trocken und rötlich. Auf einer Höhe von 2600 Metern über dem Meeresspiegel haben Stronauten freie Sicht auf die Sterne. Es ist eine ganz besondere Arbeitsumgebung, die Luftfeuchtigkeit beträgt weniger als 10%. Wenn Sie den ganzen Tag draußen bleiben, sterben Sie dehydriert, wenn Sie nur atmen.

In der Atacama-Wüste sind die mondlosen Nächte so dunkel, dass man den Schatten selbst betrachten kann, der durch das schwache Licht der Milchstraße verursacht wird. Die riesigen Teleskope mit Spiegeln von 8 Metern haben eine enorme Größe. Bei Einbruch der Nacht senden sie Laserstrahlen in die Atmosphäre aus, um die Änderungen genau zu messen und so die durch die Atmosphäre verursachten Unvollkommenheiten zu korrigieren.

Heute baut das Europäische Südobservatorium das größte Teleskop auf der Erde, dessen Spiegel einen Durchmesser von 39 Metern haben wird .

Wie Sie gesehen haben, hat das Universum mehr als das Auge reicht. Das magnetische Spektrum reicht von Gammastrahlen bis zu Radiowellen, und für jede Wellenlänge benötigen Astronomen ein spezielles Teleskop.

In Plat ô Chilean Chajnantor, auf 5000 Metern über dem Meeresspiegel, befindet sich das leistungsstärkste Radioteleskop der Welt. Sein Name ist ALMA und hat 60 Antennen, die den gesamten

Raum abhören. Spezielle LKWs transportieren die 12-Meter-Antennen zur Beobachtungsposition. Um dort arbeiten zu können, benötigen Techniker künstlichen Sauerstoff. Der Vorteil dieser Höhe ist, dass fast keine Art von Dampf den Blick nach oben trübt. Selbst das leistungsstärkste Superradioteleskop reicht jedoch nicht aus, um alle Daten zu erfassen, die das Universum uns liefert. Aus diesem Grund kombinieren Astronomen mehrere Radioteleskope auf der ganzen Welt und bilden so das Event Horizon Telescope.

In diesem Fall wandeln Astronomen alle Teleskope in einen einzigen Empfänger um. Es ist, als wäre der gesamte Planet eine einzige Antenne.

Dank dieses Systems konnte 2020 eine Gruppe von Astronomen und Astronomen erstmals ein Schwarzes Loch fotografieren.

Trotzdem wird die Erdatmosphäre immer ein Problem sein , wenn es um die Messung ! Kommt t, da Infrarotstrahlung wird immer blockiert, und es ist besonders interessant für Astronomen, da es zu überwinden Wolken intergalaktischen Staubs . Es reist dann Milliarden von Jahren und wird direkt vor der Tür unseres Hauses verschlossen.

Alles, was es im Universum zu sehen gibt, wurde noch nicht gesehen, und das ist es, wonach Astronomen jetzt suchen.

Teil 7 - Die Kolonisierung des Mars

Wenn vor 150 Jahren gesagt würde, wir würden den Mars kolonisieren , wäre ein solcher Vorschlag unerheblich. Heute ist eine solche Studie jedoch ernst. Für Astronomen wäre der Mars nach der Erde der Planet, der am wahrscheinlichsten bewohnt wird, da seine Oberfläche im Vergleich zu anderen Planeten im Sonnensystem der Erde ähnelt. Unter den Korrespondenzen können wir Folgendes angeben:

- Wasser in flüssigem / festem Zustand;

- Eine schwache Atmosphäre;

- Der Tag auf dem Mars dauert durchschnittlich 24h 39m 35.244;

- Die axiale Neigung des Mars beträgt 25,190 und die der Erde 23,44, daher hat Mar s auch Stationen wie die auf der Erde .

Raum X, der seine eigenen Gesetze für die eventuelle Kolonisierung des Mars schafft. Das Unternehmen des Milliardärs Elon Musk will bis 2050 eine bewohnbare Basis schaffen. Laut Musk sollte der Mars als freies Planet betrachtet werden und die Gesetze der Erde sollten nicht in die marsianischen Gesetze eingreifen, die eine Regierung und einen eigenen Kodex haben müssen.

Eine der ersten Fragen, die gestellt werden müssen: Wenn das Leben auf der Erde Bakterien hervorgebracht hat, wer sollte zuerst zum Mars gelangen, Mensch oder Bakterien?

Laut den Forschern wird angenommen, dass die ersten lebenden Bewohner des Mars Bakterien, Viren und Pilze sein müssen, wo sie viele biologische Prozesse katalysieren und betreiben müssen, die für das Leben und die Ökologie des Plans et.

Laut Michel Mayor, einem Wissenschaftler, der 1995 den ersten Exoplaneten entdeckte, den S1 Pegassi B (dieser Planet ist das fünfte Lichtjahr von der Erde im Sternbild Pegasus), der auch den Nobelpreis für Physik 2020 erhielt Bürgermeister, er glaubt nicht, dass die Menschheit einen Planeten kolonisieren wird, für ihn ist dies nur eine Halluzination.

Allerdings Vision Michel Bürgermeister ist ein Planet außerhalb unseres Sonnensystems zu besiedeln, Mars ist viel näher als das. Der Bürgermeister argumentiert, dass eine Reise außerhalb des Sonnensystems lange dauern würde, eine Reise zum Mars nur 440 Tage dauern würde, aber dies ist das geringste Problem. Beobachten Sie die anderen:

Kasse:

In den 1970er Jahren hatte die NASA 4,4% des Bundeshaushalts, ganz anders als heute 1% . Es gibt jedoch private Unternehmen, die eine Kolonisierung des Weltraums in Betracht ziehen, wie dies bei

Space X der Fall ist, und dies könnte der erste sein, der die Ziellinie überquert, schließlich hängen sie nicht vom öffentlichen Budget ab. Elon Musk muss jedoch seine Tasche retten, da eine bemannte Reise zum roten Planeten leicht 500 Milliarden Dollar kosten könnte.

Strahlung:

Sonneneinstrahlung kann auch in kurzer Zeit ernsthafte Probleme verursachen. Eine einfache Fahrt zum Mars könnte eine Person 15-mal mehr Strahlung aussetzen, als ein Arbeiter eines Kernkraftwerks tun darf. Übermäßige Bestrahlung kann Krebs, Demenz, Sehstörungen und den Tod der Organe der Geschlechtsorgane verursachen.

Im Allgemeinen, und dies ist meine Meinung ohne politische / wissenschaftliche Grundlage, sehe ich den roten Planeten in tausend Jahren blau und unseren heutigen Planeten blau, rot, zerstört, verlassen, von den Reichen verlassen und von diesen bevölkert hier kann ich nicht raus. Es macht keinen Sinn, über die Kolonisierung eines anderen Planeten nachzudenken , während unser Planet, unser Zuhause, unser Zuhause zerstört wird. Was bringt es, in ein älteres Haus zu ziehen und es zu renovieren, solange Sie ein neues Haus haben, behalten Sie es einfach? Wie ist die Situation unserer eigenen Regierung, während die Menschen darum kämpfen, einem Planeten, der noch niemanden hat, neue Gesetze aufzuerlegen ? Während die Reichen an ihrem Exodus auf einen anderen Planeten arbeiten, wie ist die Situation der am wenigsten Begünstigten?

Wir Menschen haben ein katastrophales sozioökonomisches Problem: Während ich dieses Buch schreibe, befindet sich die Welt in einer schweren Gesundheitskrise, einer weltweiten Pandemie, dem Coronavirus. Ich würde gerne sehen, dass die gleichen Anstrengungen, die ich für die Kolonisierung einer anderen Welt sehe, zum Wohl unseres eigenen Planeten und zur Pflege seiner Bewohner gerichtet sind, damit sich die Menschheit durchsetzen kann.

Teil 8 - Weltraumtourismus

Im Jahr 2001 Denis besuchte Tito die ISS und danach die Idee ging Raumfahrt alle zu erreichen von Science - Fiction zur Realität. H owever, wäre es lächerlich, zu sagen , dass dies jeder nach allem zu erreichen, nicht jeder hat 60 Millionen Dollar in den Himmel zu springen und gehen Sie zurück. Jeff Bezos, Richard Branson und Elon Musk sind begeistert von dem neuen Trend und versuchen, dies zu einem Trend zu machen und solche Reisen billiger zu machen.

Jeff Bezos ist nicht nur Eigentümer von Amazon, sondern besitzt auch Blue Origin und hat seine bemannte Kabine bereits getestet.

Im Mai 2019 gab Bezos an, dass Blue Origin nicht nur Pläne für den Weltraum hat, sondern auch Pläne für den Mond hat und bereits über ein Mondmodul namens Blue Moon verfügt. Es hat mehr als 579 Millionen US-Dollar ausgegeben, nur um eine menschliche Landung zu testen der Mond. Der Name Ihres Unternehmens ist eine Hommage an unseren eigenen Planeten, ein kleiner blauer Punkt in der Weite des Univers e .

Sir Charles Nicholas Branson ist ein Unternehmer mit einem Umsatz von mehreren Millionen Dollar, der mehrere Niederlassungen umfasst. Er besitzt die Virgin-Gruppe, und eines der Unternehmen in dieser Gruppe ist Galactic. Dieses Unternehmen ist bestrebt, das Tempo eines kommerziellen Unternehmens zu entwickeln und es bereitzustellen suborbitale Raumflüge für Weltraumtouristen. Seit 2009 verschiebt Virgin Galactic seine Flüge. Katastrophen markieren immer den Weg des Unternehmens.

Elon Reeve Musk ist CEO und CTO von Space X, Tesla Motors , Präsident von Solar City, CEO von Neuralink und derzeit nach Jeff Bezos der zweitreichste Mann der Welt . Obwohl Musk in mehreren TV-Serien, Serien, Filmen und amerikanischen Cartoons zu sehen ist, ist er Mitglied der Royal Society und wurde mehrfach für seine intellektuellen Talente ausgezeichnet. Musk denkt nicht nur über eine kurze Mars-Kolonisation nach, sondern beschäftigt sich auch intensiv mit Weltraumtourismusprojekten.

Paar Sie 9 - Ein Hotel im Raum der

Ein Startup namens Orion Spa n beabsichtigt, das erste Weltraumhotel zu eröffnen. Das Hotel wurde Aurora Space Station genannt und soll Ihren Kunden ein echtes Astronautenerlebnis bieten. als würde man das Nordlicht beobachten und die Schwerelosigkeit spüren,

In princ iple, wird das Hotel von der Größe eines Privatjets Kabine und kann bis zu sechs Personen Platz, einschließlich der Besatzung. Laut Startup werden die Unterkünfte luxuriös sein, einschließlich privater Suiten für Paare, und können mehrere Fenster enthalten, so dass ihre Kunden das Nordlicht der Kabine beobachten können.

Es war jedoch nicht nur Orion Spa n , das die Möglichkeit in Betracht zog, ein Hotel am Himmel zu errichten. Axion Space aus Houston prognostiziert, dass bis 2027 das erste kommerzielle Raumschiff fertig sein wird. Das Unternehmen ist weniger als 30 Monate alt, hat aber sehr mutige Pläne und viel Geld.

Ein weiteres Unternehmen, das großes Interesse zeigte, war Bigelaw Aerospace, das sich dem Bau kostengünstiger Raumbasen widmete. Sie sind die Pioniere bei erweiterbaren Modulen, dh sie werden nach ihrer Einführung aufgeblasen und verdoppeln oder verdreifachen ihre Größe.

Fazit

Der Wunsch zu fliegen ist den Menschen eingeflößt, und nicht umsonst können wir heute fliegen. Wir können so hoch fliegen, dass selbst der Himmel nicht die Grenze ist. Dieses Buch ist allen Menschen gewidmet, die ihr Leben auf der Suche nach dem Traum verloren haben, frei zu sein, die unsichtbaren Klauen der Schwerkraft loszuwerden, die Klaue, die uns alle am Boden hält, aber nicht unsere Träume.

Doch selbst wenn der Mensch zum Mond oder Mars geht, ein Schiff an der Sonne oder an den Enden des Sonnensystems geht, ist es wie Dorothy Gale sagte in 1939 film , Der Zauberer von Oz: „ es gibt keinen besseren Ort , als unser Zuhause! "

www.ingramcontent.com/pod-product-compliance
Lightning Source LLC
Chambersburg PA
CBHW020452220526
45464CB00002B/966